德清农家乐菜肴制作

DEQING NONGJIALE CAIYAO ZHIZUO

沈勤峰　主　编

周建良　杨伟礼　副主编

图书在版编目(CIP)数据

德清农家乐菜肴制作 / 沈勤峰主编. —杭州：浙江工商大学出版社，2014.6(2015.2 重印)

ISBN 978-7-5178-0523-6

Ⅰ. ①德… Ⅱ. ①沈… Ⅲ. ①烹饪—方法—中国 Ⅳ. ①TS972.117

中国版本图书馆 CIP 数据核字(2014)第 138277 号

德清农家乐菜肴制作

沈勤峰 主 编 周建良 杨伟礼 副主编

策划编辑 谭娟娟
责任编辑 谭娟娟 郑 建
封面设计 王妤驰
责任印制 包建辉
出版发行 浙江工商大学出版社
(杭州市教工路 198 号 邮政编码 310012)
(E-mail:zjgsupress@163.com)
(网址:http://www.zjgsupress.com)
电话:0571-88904980,88831806(传真)
排 版 杭州朝曦图文设计有限公司
印 刷 绍兴虎彩激光材料科技有限公司
开 本 787mm×1092mm 1/16
印 张 5.75
字 数 133 千
版 印 次 2014 年 6 月第 1 版 2015 年 2 月第 2 次印刷
书 号 ISBN 978-7-5178-0523-6
定 价 23.50 元

浙江工商大学出版社营销部邮购电话 0571-88904970

《德清农家乐菜肴制作》编委会

前言

德清山清水秀，物产丰富，空气清新，竹林深邃，是休闲旅游度假的好地方。德清县境内有国家级风景名胜区莫干山、国家湿地公园下渚湖湿地等。莫干山与庐山、鸡公山、北戴河齐名，并称为“中国四大避暑胜地”，是竹的海洋，有“清凉世界”的美誉。下渚湖湿地是具有多样性景观的天然湿地，港汊纵横，水网交错，动植物资源丰富。800 多种动植物在此繁衍生息，为德清农家乐菜肴提供了丰富的原料。截至 2011 年 6 月初，德清县共有注册备案的农家乐 115 家，德清农家乐依托莫干山、下渚湖、碧坞龙潭等旅游资源，声名远播。与此同时，农家乐菜肴推陈出新，也得到了迅速发展。

为系统整理和介绍德清农家乐菜点，保留和发展德清烹饪技术，我们依靠餐饮行业的专家和浙江省德清县职业中等专业学校的烹饪教师，搜集汇编了这本《德清农家乐菜肴制作》。本书分为水产篇、蔬菜篇、畜肉篇、家禽篇、面点篇五个部分，系统地介绍了具有德清特色的烹饪原料、德清农家乐中有一定影响的菜肴和面点。本书可作为供德清餐饮界同仁交流的材料，也可作为职业学校烹饪、旅游专业师生的教学参考资料。本书的编写为德清农家乐的发展提供了资料，从而能更好地为地方经济建设服务。

在教材编写过程中，我们得到了中国烹饪大师、德清县莫干山大酒店总经理李林生先生的技术指导，得到了德清众多农家乐的技术支持，在此一并表示感谢。由于时间紧迫，编者水平有限，纰漏与差错在所难免，敬请读者谅解并提供宝贵意见。

编　者

二〇一四年五月于武康

目录

项目一　水产篇

项目二　蔬菜篇

项目一 水产篇

德清素有“鱼米之乡、丝绸之府”的美誉。其中，东部为平原水乡，河渠似网，鱼塘棋布，为全县名特优水产品的主要产区。德清更以鲢鱼、鳙鱼、鳊鱼、河虾、泥鳅等物产最具特色，也是当地逢年过节宴席上的必备佳肴。

任务一 红烧三角鳊鱼

任务分析

鳊鱼，学名鳊，亦称长身鳊、鳊花等。在中国，鳊鱼也是三角鲂、武昌鱼的统称。鳊鱼比较适合静水性生活，其主要分布于中国长江中、下游附属的中型湖泊中。因其肉质嫩滑、味道鲜美，成为中国主要的淡水养殖鱼类之一。德清下渚湖中野生的三角鳊鱼，因其肉质鲜美而被食客所钟爱。

任务实施

红烧三角鳊鱼

【主、配 料】下渚湖三角鳊鱼 750 克。

【调　　料】老姜 15 克、大蒜子 10 克、青蒜 10 克、盐 7 克、朝天椒 1 个、味精 6 克、葱结 1 个、料酒 100 克、海鲜酱油 50 克、白糖 20 克、色拉油 60 克。

【制作步骤】

1. 将鳊鱼宰杀、洗净，在表面剞上一字花刀，姜切片，大蒜子拍碎，青蒜切成段。

2. 将油锅加热，把鳊鱼煎至两面金黄后下大蒜子、姜片、葱结、料酒、盐、朝天椒、酱油、白糖、水，大火烧开后，转至中火，烧至入味，最后加入味精，大火收汁后，将鱼装盘，青蒜段入锅煸炒后浇至鳊鱼上即可。

【成菜特点】色泽红亮，肉质鲜嫩。

【专家指点】

1. 原料选择最好的野生鳊鱼，重量在750克左右。

2. 花刀深浅一致，待鱼煎制两面金黄再入锅烧制，增加味感。

知识拓展

德清县新开发的一个自然生态景区——下渚湖湿地风景区，以保护生态为宗旨，充分体现自然、野趣、远离噪声的特色。

下渚湖一带的家常菜原料大多来自下渚湖。红烧三角鳊鱼、爆炒螺蛳、清炒菱角这些都是下渚湖农家乐菜单上常见的菜品。

红烧三角鳊鱼之所以这么好吃，不可或缺的一点是鱼的“出身”好，但是其农家做法也很重要。取1条1.5斤多重的鳊鱼，去鳞后清洗干净。在铁锅中放少许油，待油起白烟时放入鱼。待鱼两面金黄时，放入水开始煮。煮的过程中加入各种调料，大火烧熟。起锅，装盘。留在铁锅里的汤汁是精华所在，勾芡后浇到鱼上。最后撒上葱、姜、蒜，熬点热油往鱼身上一浇即可。端上桌的红烧三角鳊鱼油水足、味道鲜，让人有种大快朵颐的冲动。

想一想

1. 怎样保证鱼肉肉质鲜嫩？

2. 红烧菜肴在收汁时要注意哪些要点？

任务二　红烧鳝段

任务分析

鳝鱼属合鳃鱼目，亦称黄鳝、长鱼，合鳃鱼目前约是15种细长鳗形鱼类的统称。我国有两种鳝鱼，一种即为常见的黄鳝，还有一种为山黄鳝，目前只存在于云南陇川县。

任务实施

红烧鳝段

【主、配料】黄鳝500克、五花肉片15克。

【调　　料】带皮大蒜子30克、酱油30克、盐2克、白糖12克、味精5克、水淀粉20克、黄酒100克、色拉油40克、猪油15克、葱10克、姜片10克。

【制作步骤】

1. 先将黄鳝宰杀，洗净，斩去鳝头与尾巴，在鳝鱼背面剞上0.3厘米深的刀纹，以刚刚切到骨头一半为宜，以便入味，再将鳝鱼切成5厘米的段。

2. 将鳝段用85摄氏度的水焯水，洗净黏液后待用。

3.取锅将猪油、色拉油烧热，放入鳝段、五花肉片煸炒后再加入大蒜子、姜片、黄酒、白糖、酱油、水，大火将其烧开后，加盖焖烧至八成熟时加盐调味，再用小火煮熟透，然后大火收汁，加入味精，勾芡，淋麻油，撒葱段，出锅即可。

【成菜特点】色泽红亮，口味鲜美。

【专家指点】

1.鳝段大小要均匀，改刀要一致。

2.烹制时要达到酥而不烂。

知识拓展

黄鳝补气血，能够治疗口中唾液过多的症状，补虚损。妇女产后恶露淋沥、血气不调、消瘦均可食用。另外它可以止血，驱除十二经的风邪。具有体虚出汗、食肉后消化不良症状的人可以食用黄鳝。它甚至还可以治疗各种痔、瘘、疮疡等疾病。

想一想

1.烹制黄鳝时为什么要在黄鳝和五花肉片八成熟时再放盐？

2.黄鳝的产季是什么时候？

任务三 洛舍鱼圆

任务分析

洛舍鱼圆是德清洛舍镇有名的地方菜肴，主要原料为德清当地湖内中的野生鲢鱼。由鲢鱼去皮、去骨后的鱼肉剁茸制作而成，根据喜好还可以在鱼茸中加入香菇、冬笋等配料。

任务实施

洛舍鱼圆

【主、配料】鲢鱼 1200 克(12 个)、韭芽 10 克、火腿片 5 克。

【调　　料】精盐 8 克、味精 5 克、清汤 600 克、猪油 5 克、水 250 克。

【制作步骤】

1. 将鲢鱼宰杀，洗净，去双档，去两边肋骨，用刀轻轻刮下鱼茸，拣出鱼刺，再将鱼茸剁成泥状，用纱布包好，至流水中冲洗半小时，去尽血水。

2. 将鱼茸放入碗形的容器，加入 5 克韭芽末，再加入 4 克精盐，按一个方向打上劲后，边打边加水，至 250 克水加完止。

3. 锅内加水，开小火，将打好的鱼茸用手挤成直径为3.5厘米的丸子，入清水锅中加热，慢养至熟。

4. 另取锅，加清汤、火腿片烧开，加入精盐、味精调味后放入鱼圆，撒入韭芽、猪油，出锅即可。

【成菜特点】色泽清白，入口滑嫩，汤清味美。

【专家指点】

1. 鱼茸要漂净血水，可用纱布清洗。

2. 鱼茸打制时，盐的投放量要正确，否则影响上劲和鱼圆的色泽。

知识拓展

鲢鱼味甘、性平、无毒，肉质鲜嫩、营养丰富，是较宜养殖的优良鱼种之一。鲢鱼是我国主要的淡水养殖鱼类之一，分布在全国各大水系。鲢鱼生长快、疾病少、产量高，多与草鱼、鲤鱼混养。

想一想

1. 为什么制作鱼茸时大多用鲢鱼作为原料？

2. 如何挑去鱼肉中的鱼刺？

任务四 清蒸野白鱼

任务分析

白鱼又称乔鱼，生长于江河湖泊中。体呈白色，喜昂头，体形大者长六七尺。它味道鲜美，具有开胃下气、去水气、使人肥健的作用，并且还有助脾气，调整五脏，理十二经络之效。

任务实施

【主、配料】野白鱼700克、火腿肉40克。

【调　　料】盐6克、味精5克、老姜30克、葱结1个、色拉油10克、猪油15克、黄酒40克。

【制作步骤】

1. 将白鱼宰杀，洗净，在鱼两边背面剞上牡丹花刀，便于入味，在每个刀纹上各镶入火腿片和姜片。

2. 取长盘一个，放入白鱼，再加盐、葱结、黄酒、色拉油、猪油，上蒸笼蒸6分钟后取出。

3. 把盘内的鱼汤倒在马勺内，加入味精搅匀，均匀地浇在鱼身上即可。

【成菜特点】本地特色浓郁，肉质细嫩。

【专家指点】

1. 刀距均匀，深浅一致。
2. 蒸制时要掌握好火候。

知识拓展

白鱼除味道鲜美外，还有很高的药用价值，能够补肾益脑、开窍利尿等。尤其是鱼脑，是不可多得的强壮滋补品。食用白鱼时，可采用清蒸、红烧等烹饪方法，用白鱼制成鱼圆，则味道更佳，历来受到消费者的喜爱。

想一想

1. 白鱼有何营养价值？
2. 为什么此菜最适合清蒸？

任务五 妙味白虾

任务分析

白虾是太湖主要的经济虾类，每年产量占太湖虾类产量的50%以上，白虾种群分布遍及太湖，有两种生态群：一种是生活在开敞水域的，称为“湖白虾”，这种虾的个体较大，有一定的集群性；另一种分布在沿湖岸一带，常和日本沼虾混杂在一起，被称为“蚕白虾”，其个体较小，因甲壳薄而透明，全身洁白，微带蓝褐或红色点，死后体呈白色而得名。

任务实施

妙味白虾

【主、配料】太湖白虾400克。

【调　　料】芥末3克、鱼露20克、香糟卤50克、盐3克、味精3克、葱花10克、姜末5克、熟白芝麻2克、香菜叶10克、色拉油400克(实耗50克)。

【制作步骤】

1.将白虾净水养2天后待用。

2.用芥末、鱼露、香糟卤、盐、味精、姜末调成卤汁，放锅内加热至沸即可。

3.取锅上火加热，加入色拉油，待油烧至八成热时，将白虾均匀地平摆在漏勺内，用油浇成九成熟，沥油装盘，然后将打好的卤汁浇在虾上，撒上白芝麻、香菜叶即可。

【成菜特点】白虾肉质鲜嫩，口味清爽。

【专家指点】

1.控制好油温，浇油时要均匀。

2.卤汁调制的口味要准确。

知识拓展

虾营养丰富，且肉质松软，易消化，对身体虚弱及病后需要调养的人来说，是极好的食物。虾中含有丰富的镁，镁对心脏活动具有重要的调节作用，能很好地保护心血管系统，且可减少血液中胆固醇的含量，防止动脉硬化。虾的通乳作用较强，并且富含磷、钙，对孕妇、小儿尤有补益功效。日本专家发现，虾体内的虾青素有助于消除因时差反应而产生的“时差症”。每种虾都含有丰富的蛋白质，营养价值高，而且无腥味和骨刺，同时含有丰富的矿物质（如钙、磷、铁等），其中海虾还富含碘，对人类的健康极有裨益。

想一想

1.太湖有哪三宝？

2.白虾的营养价值有哪些？

任务六 碎烧花鲢

任务分析

花鲢又称胖头鱼、包头鱼、鳙鱼，是淡水鱼的一种，素来便有“水中清道夫”的雅称，是中国四大家鱼之一。其外形似鲢鱼，体侧扁；头部大而宽，头长约为体长的1/3；口亦宽大，稍上翘；眼位低。花鲢生长于淡水湖泊、河流、水库、池塘中，多分布在水的中上层。花鲢不仅能食用，还有助记忆、延缓衰老的作用。

任务实施

碎烧花鲢

【主、配料】花鲢1条(800克)、灯笼椒5个。

【调　　料】盐4克、酱油25克、味精5克、老姜20克、带皮大蒜子50克、朝天椒10克、糖10克、青蒜叶20克、菜籽油35克、猪油20克、黄酒100克。

【制作步骤】

1.将花鲢宰杀，洗净，切成大块。

2.取锅上火，放入菜籽油、猪油加热后，放大蒜子、老姜爆香，再入鱼块翻炒，加入黄酒、酱油、盐、糖、朝天椒和水。

3. 待鱼肉熟透，加味精、青蒜叶，颠匀出锅即可。

【成菜特点】咸鲜微辣，色泽红亮。

【专家指点】

1. 改刀时切块大小要掌握好。

2. 水要一次性加好，掌握火候。

知识拓展

花鲢属于高蛋白、低脂肪、低胆固醇的鱼类，每 100 克鱼肉中含蛋白质 15.3 克、脂肪 0.9 克。另外，花鲢含有维生素 B_2、维生素 C、钙、磷、铁等营养物质。花鲢对心血管系统有保护作用。

想一想

花鲢可以制作哪些菜肴？

任务七 田螺千张包

任务分析

田螺泛指田螺科的软体动物，中国大部地区均有田螺，可在夏、秋季节捕取。淡水中常见中国圆田螺等。田螺属于雌雄异体，区别田螺雌雄的方法主要有两种：一是雄田螺的右触角向右内弯曲（弯曲部分即雄性生殖器）；二是雌螺个体大而圆，雄螺小而长。

任务实施

田螺千张包

【主、配料】田螺 500 克、肉末 50 克、丁莲芳千张包 10 个。

【调　　料】高汤 400 克、盐 8 克、味精 5 克、猪油 40 克、胡椒粉 2 克、黄酒 50 克、葱段 20 克。

【制作步骤】

1. 将田螺汆水，挑出肉，去尾巴后，剁成末。将田螺末和肉末放在一起，往其中加盐 3 克、黄酒 15 克，搅打上劲后，嵌入田螺壳内，上笼蒸熟。

2. 将锅上火加热，往锅中加入猪油烧香，再加入高汤，往其中加田螺、千张包、盐5克，大火烧开。烧开3分钟后，加入味精、胡椒粉、葱段，出锅即可。

【成菜特点】汤鲜味浓，搭配合理。

【专家指点】

1. 田螺肉末与五花肉末的比例为1∶1。

2. 烧煮的时间不能过长，否则千张包会散开。

知识拓展

千张包是湖州传统名点。清光绪四年(1878)由丁莲芳创制，故名。其用鲜猪肉、开洋、干贝、笋衣、熟芝麻、精盐、味精、黄酒等配制成馅心，用千张作包皮，裹入馅心，制成三角形包子，与粗绿豆粉丝同煮即成。食时以辣油、米醋、白胡椒粉、小葱等为调料。其特点是肉嫩不腻，香气四溢，营养丰富。1989年，丁莲芳千张包获商业部饮食业优质产品金鼎奖。20世纪90年代以来，千张包通过真空包装，远销国内外，深受消费者欢迎。

想一想

1. 田螺的产季是什么时候？

2. 怎样去除田螺表面的泥沙？

任务八 腌菜烧汪丁

任务分析

汪丁，即黄颡鱼，肉质鲜美，脂肪含量较多，制作此菜时要注意控制油量，更不要用大量的油炸，否则鱼肉会变老。腌菜烧汪丁是德清东部家喻户晓的菜肴，深受大家的喜爱。

任务实施

腌菜烧汪丁

【主、配料】汪丁鱼 400 克、冬笋 50 克、抱腌菜 60 克。

【调　　料】盐 6 克、味精 5 克、白糖 5 克、朝天椒 5 克、黄酒 50 克、青蒜 20 克、带皮大蒜子 15 克、色拉油 100 克、猪油 20 克。

【制作步骤】

1. 将汪丁鱼宰杀，洗净，从背上开刀。抱腌菜（大棵青菜腌制而成）切成指甲片大小。熟冬笋切片。青蒜切段。

2. 取锅加水烧开，将汪丁鱼入水，清洗其表面，待用。

3. 取锅上火，倒入色拉油、猪油加热，再倒入抱腌菜、冬笋、带皮大蒜子煸炒，炒出香味后，再下汪丁鱼，晃锅，再加入黄酒、盐、白糖、朝天椒，搅拌均匀后加水，用大火烧开，待汪丁鱼成熟时加入味精和青蒜，即可出锅装盘。

【成菜特点】口味鲜美，肉质鲜嫩。

【专家指点】

1. 选择农家菜制作的抱腌菜，质地要脆嫩。

2. 烧煮时不能多翻动，因为汪丁鱼的皮和肉都较嫩。

知识拓展

黄颡鱼个体虽小，但产量大。其肉质细嫩，无小刺，多脂肪，适用于烧、焖、炖、煮汤等烹调方法，可制作麦笋煮黄颡鱼、清炖黄颡鱼等。

想一想

1. 汪丁鱼在不同的地区都有什么样的叫法？

2. 抱腌菜是如何制作的？

任务九　油爆野河虾

任务分析

河虾主要分布于我国江河、湖泊、水库和池塘中，是优质的淡水虾类。它肉质细嫩，味道鲜美，营养丰富，是高蛋白、低脂肪的水产食品，颇得消费者青睐。河虾菜菜肴是德清当地逢年过节宴席上的佳肴。

任务实施

油爆野河虾

【主、配料】野河虾 300 克。

【调　　料】葱段 15 克、姜片 15 克、蒜片 15 克、黄酒 30 克、盐 2 克、酱油 10 克、白糖 10 克、生醋 30 克、红烧肉汤 40 克、色拉油 600 克(实耗 50 克)、胡椒粉 2 克、味精 5 克。

【制作步骤】

1. 取锅上火，倒入色拉油，加热至八成油温时，将洗净的河虾炸制成熟，沥油后待用。

2. 锅内留底油，入葱段、姜片、蒜片炝锅，再下黄酒、盐、肉汤、酱油、白糖、味精、生醋，调成芡汁，倒入河虾，颠翻均匀出锅，撒上胡椒粉和葱段即可。

【成菜特点】肉味独特，外脆里嫩。

【专家指点】

1. 油炸时油温要高，操作速度要快。

2. 醋的量要控制好，以提香为主。

知识拓展

爆法始于宋代，至元代又出现汤爆法，如“汤爆肚”，到了明代又有油爆法，如油爆鸡，也有将油爆叫作爆炒或生爆。“爆”在古代又称炮，就是急速烹制的意思，即加热时间短，是将骨头脆嫩、小型的原料经热油或沸滚汤、沸水迅速加热成熟后勾芡或兑汁成菜的一种烹调方法。

想一想

1. 为什么有些河虾体表会发黑？

2. 如何保证河虾的肉质鲜美？

任务十　芋艿烧泥鳅

任务分析

泥鳅，属鳅科，被称为“水中之参”，在中国南方各地均有分布，北方虽不常见但也有分布。泥鳅全年都可采收，夏季最多，捕捉后，可鲜用或烘干用。泥鳅生活在湖池，且形体小，只有三四寸长。它体形圆，身短，皮下有小鳞片，颜色青黑，浑身沾满了自身的黏液，因而滑腻无法握住。

任务实施

芋艿烧泥鳅

【主、配料】带皮芋艿400克、泥鳅300克。

【调　　料】海天黄豆酱30克、海鲜酱油30克、盐4克、姜片20克、白糖15克、色拉油600克(实耗80克)、味精5克、黄酒80克。

【制作步骤】

1. 将带皮芋艿蒸熟剥皮，改刀成块，泥鳅宰杀洗净，在背上拍一刀，待用。

2. 取锅上火，倒入色拉油至五成熟时，把芋艿和泥鳅放入锅中炸制后，沥油。

3.锅内留底油，下姜片炝锅，再倒入泥鳅、芋艿、盐、黄酒、白糖、海鲜酱油、水，大火烧开后转至中火焖烧，到熟透后，再大火收汁，放入味精，即可出锅。

【成菜特点】农家土味，口味鲜美。

【专家指点】

1.芋艿选择红梗芋艿为好。

2.拍泥鳅时要分开拍。

知识拓展

泥鳅味道鲜美，营养丰富，蛋白质含量较高，脂肪含量较低，有降脂降压的作用，既是美味佳肴，又是大众食品，素有“天上的斑鸠，地下的泥鳅”之说。泥鳅可食部分占整个鱼体的80%左右，高于一般淡水鱼类。经测定，每100克泥鳅肉中，含蛋白质22.6克、脂肪2.9克、碳水化合物2.5克、钙51毫克，还有多种维生素。除此以外，泥鳅还含有较高的不饱和脂肪酸。

想一想

1.泥鳅的产季是什么季节？

2.如何去掉此菜的泥土味？

任务十一　糟味杂鱼

任务分析

鲫鱼是主要以植物为食的杂食性鱼，喜群集而行，择食而居。它肉质细嫩，肉味甜美，营养价值很高，每百克肉中含蛋白质 13 克、脂肪 11 克，并含有大量的钙、磷、铁等矿物质。鲫鱼分布广泛，全国各地水域常年均有养殖，以 2～4 月份和 8～12 月份的鲫鱼最为肥美，为我国重要食用鱼类之一。

任务实施

糟味杂鱼

【主、配料】糟骨头 50 克、小鲫鱼 100 克、小汪丁鱼 100 克、河虾 50 克、螺蛳 50 克。

【调　　料】猪油 20 克，菜籽油 15 克，蒸鱼豉油 50 克，盐 3 克，黄酒 50 克，姜片、葱结少许。

【制作步骤】

1. 将酒糟小排骨加调料拌匀，腌制一星期，成糟骨头。

2. 将小鲫鱼宰杀，洗净，在背上剞一刀便于入味。再将小汪丁鱼洗净，从背部开刀，同时把螺蛳、河虾洗净，待用。

3. 取盘一个，码入小鲫鱼、小汪丁鱼、螺蛳、河虾，再往盘中加入糟骨头、蒸鱼豉油、盐、黄酒、猪油、菜籽油、姜片、葱结，上蒸箱蒸制 6 分钟。

4. 蒸好的菜肴拣去葱结、姜片，把原汤倒入马勺内搅拌一下，浇到上面即可。

【成菜特点】口味丰富，鲜香味醇。

【专家指点】

1. 挑选鲫鱼、汪丁鱼时要注意，鱼大小均匀便于成熟，便于入味。
2. 蒸制时，蒸汽要大，时间不宜过长，蒸熟即可。

知识拓展

鲫鱼宜于肾炎水肿、肝硬化腹水症的治疗。营养不良性浮肿者、孕妇产后乳汁缺少者宜食；脾胃虚弱、饮食不香者宜食；小儿麻疹初期，或麻疹透发不快者宜食；痔疮出血、慢性久痢者宜食。虽鲫鱼补虚，诸无所忌，但感冒发热期间不宜多吃。

想一想

1. 糟骨头在此菜中有何作用？
2. 用鲫鱼可以制作哪些菜肴？

任务十二 冬瓜烧河蚌

任务分析

河蚌，别名河歪、河蛤蜊、乌贝等。其属于软体动物门，瓣鳃纲蚌科，是一种普通的贝壳类水生动物。我国大部分地区的河湖水泊中都有河蚌，其肉质特别鲜嫩，是农家宴席上的必备佳肴。

任务实施

冬瓜烧河蚌

【主、配料】河蚌 1500 克、冬瓜 400 克。

【调　　料】色拉油 500 克(实耗 60 克)、料酒 50 克、酱油 15 克、精盐 3 克、味精 5 克、白糖 15 克、老姜 15 克、葱段 15 克、红尖椒 3 克。

【制作步骤】

1. 将冬瓜洗净，去皮，切成块。

2. 将河蚌宰杀后去除鳃、内脏，并清洗干净，用高压锅压酥。

3. 取锅上火，加入色拉油加热，将冬瓜滑油，待表皮呈现焦黄色时捞出。

4. 锅内留底油 50 克，加入河蚌、老姜、料酒翻炒后，再下冬瓜块，加入白糖、酱油、精盐、水调味，收汁加入味精，即可出锅。

【成菜特点】河蚌味鲜，冬瓜酥烂，搭配合理。

【专家指点】

1. 河蚌需清洗干净，高压锅压制时不能太过酥烂。
2. 注意菜肴的成熟度。

知识拓展

河蚌味甘、咸，性寒，入肝、肾经，有清热解毒、滋阴明目之功效，可治烦热、血崩、带下、目赤、湿疹等症。

想一想

1. 河蚌的出肉率是多少？
2. 河蚌食用时要注意些什么？

项目二 蔬菜篇

德清蔬菜品种丰富，盛产蕨菜、春笋、毛笋、豇豆等数十种。蔬菜可提供人体所必需的多种维生素等营养物质，它对于维持人体的酸碱平衡等方面起到相当重要的作用。

任务一 炒双冬

任务分析

德清盛产各种竹类，竹笋就是竹类在地下的嫩茎，按竹笋的收获季节可将其分为春笋、冬笋和夏末秋初的鞭笋。本菜选用的冬笋颜色嫩黄，肉质厚脆，味道清鲜，是品质最好的笋。竹笋制作方法很多，炒、烧、煮、烩、煨、炖等均可，既可当主料，也可作辅料；既能与鸡、鸭、鱼、肉、蛋同烹，也能与豆制品、蘑菇同烹。

任务实施

炒双冬

【主、配料】冬笋150克、冬菜200克、蘑菇80克。

【调　　料】朝天椒10克、盐5克、味精5克、菜籽油10克、青蒜15克、色拉油15克、猪油30克、白糖35克。

【制作步骤】

1. 将冬笋去壳，氽水至熟，切片待用；把冬菜切成丁状，漂一下水待用。将蘑菇切片，氽水待用。再把青蒜切成一寸长的段。

2. 锅置火上，加入色拉油、猪油、菜籽油，加热，待油温升到六成熟时，倒入冬笋、冬菜、蘑菇、青蒜翻炒，再加入糖、盐、水烧开，至水烧干时，加入味精，翻炒后即可出锅。

【成菜特点】冬笋鲜嫩，口感爽脆，本地特色，农家口味。

【专家指点】

1. 冬菜要选用大的青菜腌制而成。

2. 冬菜漂水时要注意控制好咸淡。

知识拓展

竹笋，也叫笋，是我国传统蔬菜。竹笋品种繁多，按时节划分有春笋、秋笋、冬笋；按形状划分有龙须笋、鞭光笋、笔杆笋、毛竹笋；按质地划分有鲜笋、干笋，干笋中又有绿笋、雪笋、羊尾笋、玉版笋、玉兰片、笋腊；按产地划分有问政笋、天目笋、茅山笋。竹笋有很高的营养价值，但因品种不同、质量不同，所含营养成分也不同，就蛋白质、糖分和脂肪含量而言，冬笋高于春笋，春笋高于鞭光笋，玉兰片高于鲜笋。但维生素、矿物质的含量，则是鲜笋多于笋干。竹笋所含的营养物质最大的特点是高蛋白、低脂肪、低淀粉、多纤维，所以对于肥胖者和患有动脉硬化症、冠心病、高血压、糖尿病的人而言，常食有益。

想一想

1. 此菜炒制过程中，为什么要用三种油？

2. 炒冬菜时要注意什么？

任务二　菠菜炒肉节

任务分析

菠菜，因其根色红，故有赤根菜、红根菜之称。菠菜的营养价值比较高，它所含的胡萝卜素（即维生素 A 原）跟胡萝卜不相上下，抗坏血酸（维生素 C）虽低于辣椒却高于西红柿。菠菜既可做家常菜，又可做宴上佳肴。

任务实施

菠菜炒肉节

【主、配料】菠菜 400 克、肉末 100 克、豆腐皮 2 张、冬笋 30 克、水发黑木耳 15 克。

【调　　料】色拉油 500 克（约耗 60 克）、盐 8 克、味精 5 克。

【制作步骤】

1. 将肉末调味，用豆腐皮将肉末包起，卷成条状再斜刀切成段，下油锅炸制。

2. 将水发黑木耳洗净，冬笋焯水后切成片，菠菜切成段待用。

3. 取锅上火，加色拉油45克，烧热，再将菠菜梗子倒入，翻炒，再加入笋片、黑木耳和菠菜叶，大火煸炒，再加入盐、味精和炸好的肉末，煸炒均匀，至熟即可。

【成菜特点】色彩艳丽，口味丰富。

【专家指点】

1. 注意烹制时原料的投放顺序。
2. 注意肉节的炸制成熟度。

知识拓展

菠菜软嫩翠绿，在烹调中应用广泛，适用于锅熠、冷拌、炒、制汤等。菠菜可做的主料菜肴有锅熠菠菜、芝麻菠菜等。同时，菠菜因其色泽翠绿，在辅料中可起到点缀菜肴的作用，如制作菠菜松，可用于垫底或者围边。在制作菠菜时，不用加热太久，以防其不鲜嫩或色泽不佳。

想一想

1. 冬笋为什么要先焯水？
2. 包制肉节时要注意哪些要点？

任务三 肉丝野蕨菜

任务分析

蕨菜生在林间、山野、松林内，是无任何污染的绿色野菜，不但富含人体需要的多种维生素，还有清肠健胃、舒筋活络等功效。其有多种烹制方法，如凉拌、炒等。经常食用蕨菜可治疗高血压、头昏、子宫出血、关节炎等症，并对麻疹、流感有预防作用。

任务实施

肉丝蕨菜

【主、配料】野蕨菜 400 克、肉丝 40 克。

【调　　料】色拉油 40 克、盐 6 克、味精 5 克、黄酒 10 克、红椒丝 3 克。

【制作步骤】

1. 将蕨菜洗净，去老头，切成段。取锅加热，把蕨菜干炒至干瘪，以去苦味。

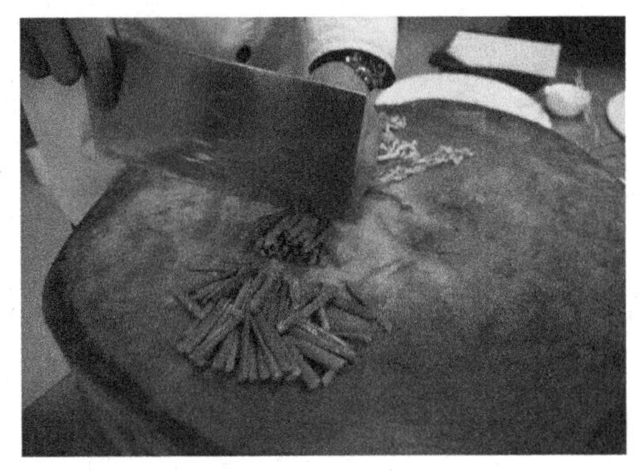

2. 锅内加水，将蕨菜焯水洗净后待用，肉丝上浆待用。

3. 取锅滑油后，留底油，下肉丝煸炒，再下蕨菜翻炒均匀后，下黄酒、盐、味精、少许水，烧开即可。

【成菜特点】蕨菜为季节性野味，药用价值高。

【专家指点】

1. 干炒蕨菜时，要去掉苦味。
2. 炒制时注意火候，加热时间不可过久，否则口感不好。

知识拓展

蕨菜叶含钾、钙、镁等矿物质，此外还含有18种氨基酸。已有的研究认为，蕨菜中的纤维素可促进肠道蠕动，减少肠胃对脂肪的吸收。蕨菜味甘性寒，入药有解毒、清热、化痰等功效，经常食用可降低血压、缓解头晕失眠等症。蕨菜还可以止泻利尿，所含的膳食纤维能促进胃肠蠕动，具有下气通便、清肠排毒的作用。

想一想

1. 蕨菜有哪些药用价值？
2. 蕨菜生长在哪里？

任务四 砂锅包心菜

任务分析

包心菜,学名结球甘蓝,别名包菜、圆白菜或洋白菜,也叫卷心菜,一种常见蔬菜。包心菜中约 90%的成分是水,富含维生素 C,在世界卫生组织推荐的最佳食物中排名第 3,适于炒、炝、煮、拌等烹调方法,也可干制、腌制、渍制。

任务实施

砂锅包心菜

【主、配料】兰州包心菜 600 克、油渣 20 克。

【调　　料】蒸鱼豉油 35 克、白糖 10 克、色拉油 20 克、猪油 30 克、蒜片 10 克、朝天椒 5 克、味精 5 克、湿淀粉 20 克、花椒油 15 克。

【制作步骤】

1. 将包心菜用手撕成大片后,去茎。将朝天椒斜刀切成片,蒜切成片后待用。

2. 取锅上火,下色拉油、猪油,待油烧热,下包心菜和油渣、朝天椒、蒜片煸炒,至包心菜变软,加入蒸鱼豉油、白糖,继续翻炒至熟,加入味精、湿淀粉,翻炒均匀,再淋上花椒油,装入烧热的砂锅内即可。

【成菜特点】口质脆嫩,香味浓郁。

【专家指点】

1. 包心菜加工时,将粗茎去除干净,以免影响口感。
2. 原料熟制时,需一次性将包心菜煸炒熟,保证质感脆嫩。

知识拓展

兰州包心菜比较有韧性,颜色偏青。包心菜是百搭食材,做菜者可以发挥自己的聪明才智,设计出多变的包心菜菜谱。烹炒类:清炒虾米包心菜、糖醋包心菜、醋熘包心菜、红葱油包心菜焖金华火腿糙米饭、黄豆酱浇包心菜、手撕醋熘包心菜、黑胡椒牛柳炒包心菜、虾皮包心菜、包心菜炒蛤蜊。凉拌类:泰式凉拌包心菜、奶油凉拌包心菜沙拉、凉拌咖喱包心菜、虾皮凉拌包心菜、凉拌腰果包心菜、鸡片拌炒包心菜、包心菜沙拉等。

想一想

1. 用烧热的砂锅代替普通盘子装菜有什么好处?
2. 兰州包心菜有什么特点?

任务五 笋干冬瓜

任务分析

冬瓜的果实，小的只有几千克，而大的可达 100 千克以上。冬瓜产量高，耐贮运。它清凉可口，水分多，味清淡，在医药上具有消暑解热、利尿消肿的功效。它还可制成冬瓜干、脱水冬瓜等零食，其种子和果皮还是很好的中药材。冬瓜的鲜果及其加工品是传统的出口商品。

任务实施

笋干冬瓜

【主、配料】冬瓜 400 克、小野笋干 30 克。

【调　　料】菜籽油 20 克、色拉油 20 克、盐 6 克、味精 5 克、高汤 250 克、姜丝 3 克。

【制作步骤】

1. 将野笋干浸制，至咸味正好时，去掉老头，大的撕开，切成段。

2. 将冬瓜去皮，切成块状。

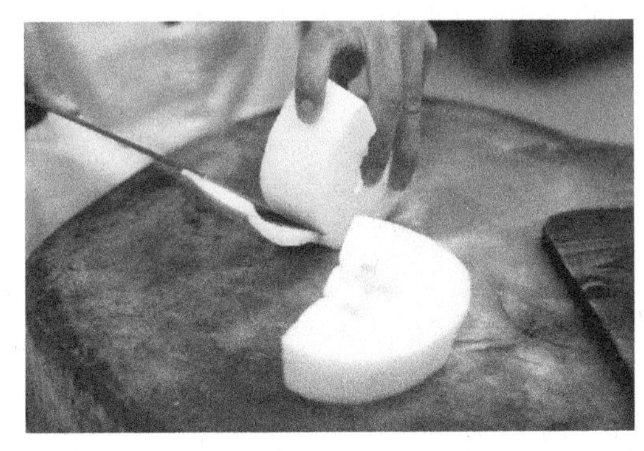

3. 取锅加热，倒入菜籽油、色拉油，倒入姜丝煸香，再加笋干、冬瓜煸炒，加入高汤烧开，加入盐、味精，烧熟即可。

【成菜特点】此菜味清爽，笋干有嚼劲，冬瓜味鲜美。

【专家指点】

1. 注意笋干浸制的时间，以防咸味太重。
2. 烧制时要加高汤，以使冬瓜入味。

知识拓展

冬瓜在初加工时一般切成片、块，作为主料时适用于炖、扒、熬、瓤等烹调方法。其中，冬瓜盅、海米烧冬瓜、干贝冬瓜球等菜肴以清淡为佳。冬瓜本身味清淡，可以配以鲜味较浓的原料。用冬瓜制作菜肴时，一般不宜加酱油，否则菜肴的口味发酸。

想 一 想

1. 冬瓜是什么时候上市的？
2. 为什么烹制此菜要加高汤？

任务六 铁板小土豆

任务分析

土豆学名马铃薯。中餐中土豆使用较为广泛，既可以做副食，也可以作为高档菜肴，但同西餐相比，使用得还不广泛。用土豆做菜有一点需注意，土豆去皮时，应除净土豆芽，特别是早春时的土豆，更应除净土豆芽和周围部位，避免因龙葵素引起中毒。

任务实施

铁板小土豆

【主、配料】小土豆 600 克、朝天椒 5 个。

【调　　料】菜籽油 60 克、味精 5 克、盐 7 克、葱花 20 克。

【制作步骤】

1. 将黄皮小土豆蒸熟后剥皮，用手掰碎，再将朝天椒切细。

2. 取锅上火，加热，加入菜籽油，倒入土豆块煎制，待土豆有一层焦片时，翻身再煎，至土豆有一点焦香时，加入盐、味精、朝天椒、葱花，即可出锅装盘。

【成菜特点】口味酥香，色泽金黄。

【专家指点】

1. 煎制时要掌握好火候，不能太焦，也不能没有焦香味。

2. 要选用当年刚挖的新鲜土豆。

知识拓展

土豆是茄科茄属植物，俗名地豆子，多年生草本，但作一年生或一年二季栽培。其地下块茎呈圆、卵、椭圆形等，有芽眼，皮呈红、黄、白或紫色。地上茎呈棱形，有毛。奇数羽状复叶。聚伞花序顶生，花白、红或紫色。浆果球形，绿或紫褐色。种子肾形，黄色。土豆多用块茎繁殖，性喜冷凉高燥，对土壤适应性较强，但以疏松肥沃的沙质土为佳。在中国各地，对马铃薯的称呼又有不同，东北称土豆，华北称山药蛋，西北称洋芋，江浙一带称洋番芋，广东及我国香港称之为薯仔。从营养角度来看，土豆比大米、面粉具有更多的优点，能供给人体大量的热能，可称为“十全十美的食物”。人只靠马铃薯和全脂牛奶就足以维持生命和健康。因为马铃薯的营养成分非常全面，营养结构也较合理，只是蛋白质、钙和维生素 A 的含量稍低，而这正好可以用全脂牛奶来补充。马铃薯块茎水分多、脂肪少，单位体积的热量相当低，所含的维生素 C 是苹果的 10 倍，B 族维生素是苹果的 4 倍，各种矿物质是苹果的几倍至几十倍不等，食用后有很好的饱腹感。

想一想

1. 发芽的土豆为什么不能食用？

2. 土豆有哪些营养价值？

任务七　油焖春笋

任务分析

德清早园笋适合多种烹调方法，可炒、焖、炖、汆、煮，可拼冷盘。既可单独作菜，也可与肉类搭配制成美味佳肴，或与其他菜烹调，其味更鲜美，素有“无笋不成席”之说。

任务实施

油焖春笋

【主、配料】净春笋 400 克。

【调　　料】酱油 20 克、甜面酱 20 克、盐 3 克、白糖 15 克、菜籽油 30 克、色拉油 10 克、味精 30 克。

【制作步骤】

1. 将春笋去壳，洗净，用刀身将笋拍碎成条状后改刀成 5 厘米的段待用。

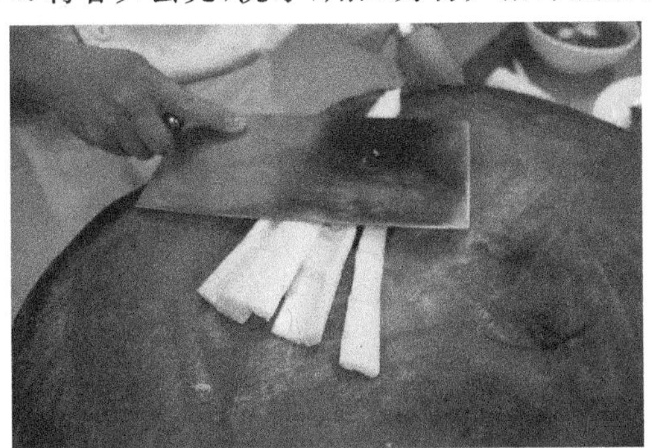

2. 往炒锅中放菜籽油、色拉油，待加至四成热时将春笋段倒入锅内煸炒至色发黄，边角起皱时加入酱油、白糖、甜面酱、盐、水，用大火烧开后移至小火烧 5 分钟，再用大火收汁，放入味精，淋上明即可出锅。

【成菜特点】色泽红亮，鲜嫩爽口。

【专家指点】

1. 春笋根部要用刀拍碎，既能松纤维，又能入味。
2. 收汁时用大火，保证汤汁快速浓稠、色泽白亮。

知识拓展

早园笋，又名园笋、早笋，为德清县传统特产，素有“蔬菜之王”的美称。德清早园笋为笋中珍品，主要产于德清县二都、上柏、城关、雷甸、武康、三合、秋山等乡镇，以二都早园笋最佳。早园笋以其矮、壮、粗、嫩，颜色呈黄紫且带油光，笋肉厚实，白嫩鲜美，清香爽口而享有盛名。早园笋具有香、甜、松、脆之特色。其种植始于唐朝，已有1300余年的历史，古时被称为“猪蹄红”。德清县林业局于1999年为本县早园笋注册了“山伢儿”商标。

想一想

1. 笋有哪几种？
2. 笋的营养价值主要有哪些？

任务八　蒸双臭

任务分析

臭豆腐,其名虽俗气,但却是一种极具特色的风味小吃。各地的制作方式和食用方式均因地区上的差异而不同,如南京、长沙和绍兴的臭豆腐干相当出名,虽然都是闻起来臭,吃起来香,但其制作方式及味道均差异甚大。吃臭豆腐,可以增加食欲,还能起到防病保健的作用。霉苋菜梗,色彩亮丽、色绿如碧、清香酥嫩、鲜美入味,其有助消化、增食欲之功效。将这2种食材放在一起烹调制作的菜肴,深受人们的喜爱。

任务实施

蒸双臭

【主、配料】臭豆腐5块、臭菜梗200克。

【调　　料】菜籽油5克,干红椒10克,盐6克,味精5克,姜、蒜各6克。

【制作步骤】

1.将臭豆腐稍作清洗,菜梗留一些汁,再将姜、蒜、干红椒切片。

2.取深盘一个,将臭豆腐放在盘底,再将菜梗堆放在盘子中间,撒上盐、菜籽油、蒜片、姜片、红椒片,上笼蒸10分钟。

3. 将菜取出，将味精加入汤里，打匀即可。

【成菜特点】口感鲜嫩，风味独特。

【专家指点】

1. 选择豆腐内有孔的为好。
2. 蒸制时，需将臭豆腐、苋菜梗蒸透，保证入味。

知识拓展

相传春秋战国之时，越王勾践及其夫人入吴为奴，当时越过已国贫民穷，百姓皆以野菜充饥。有一老者，在蕺山上采得野苋菜梗一把，但又老又硬的菜梗一时无法煮熟，弃之又觉可惜，老者便将其藏于瓦罐中以备日后再煮。数日后，罐内竟发出阵阵香气，老者取而蒸食，竟一蒸便熟，其味又远胜于其茎叶，百姓闻之，纷纷效仿，流传至今。

想一想

1. 臭豆腐是如何制作的？
2. 蒸双臭在口感上有何特点？

任务九　冬菜烧毛笋

任务分析

毛笋,也称毛竹笋,毛竹地下茎节的侧芽成长出土后称为毛笋,冬天笋尚未出土时挖掘的即为冬笋,质量最好。此笋的笋箨由黄褐色至褐紫色,密布棕色刺毛和深褐色斑点或斑块,笋体比冬笋大,笋肉淡黄,一般作为菜肴的主、配料。笋期为3月中旬至4月下旬。

任务实施

冬菜烧毛笋

【主、配料】毛笋500克、冬菜100克。

【调料】菜籽油50克、盐10克、味精10克、白糖8克、干红椒1克、葱花10克。

【制作步骤】

1. 将毛笋洗净,再切成大小均匀的块。

2. 取锅入菜籽油加热,下毛笋块煸炒至表面金黄,边角有一点焦痕时,再下冬菜,煸炒均匀后,加水、干红椒,需没过原料,再加入盐、白糖,用大火烧开后,转小火炖制45分钟,再用大火收汁,加入味精、葱花即可。

【成菜特点】咸鲜入味,冬菜酥化,笋块完整。

【专家指点】

1. 笋煸炒需用菜籽油,烧出的笋风味独特。

2. 烧制用小火烧入味后,大火收汁,保证菜肴鲜嫩。

知识拓展

冬菜是以芥菜为原料加工而成,既可用作餐桌上的小菜,又可作为烹饪的佐料使用。冬菜形状均匀,呈褐黑色,表面光泽;具有独有的香味,香气浓郁;味道鲜美,质地脆嫩,咸淡适口。冬菜富含氨基酸、乳酸、蛋白质、维生素和多种微量元素,有开胃健脾、增进食欲、增强人体机能之功效。

想一想

1. 毛笋有什么功效?

2. 你所知道的笋制品分哪几种? 分别是什么?

任务十　砂锅豇豆

任务分析

豇豆又叫长豆角，浆豆等。豇豆可分为短豇豆、长豇豆。短豇豆其荚短，荚皮薄，纤维多而硬，不能食用，以种子供食用，又叫饭豇豆。长豇豆嫩荚可食用，其荚肉质肥厚、脆嫩。烹调中多将豇豆切成段状使用，适用于拌、炮、炒等烹调方法。

任务实施

砂锅豇豆

【主、配料】豇豆 450 克。

【调　　料】蒜片 10 克、干红椒 3 克、蒸鱼豉油 10 克、蚝油 10 克、盐 2 克、味精 5 克、色拉油 500 克(实耗 50 克)。

【制作步骤】

1. 将豇豆切成长 10 厘米的段，砂锅烧烫。

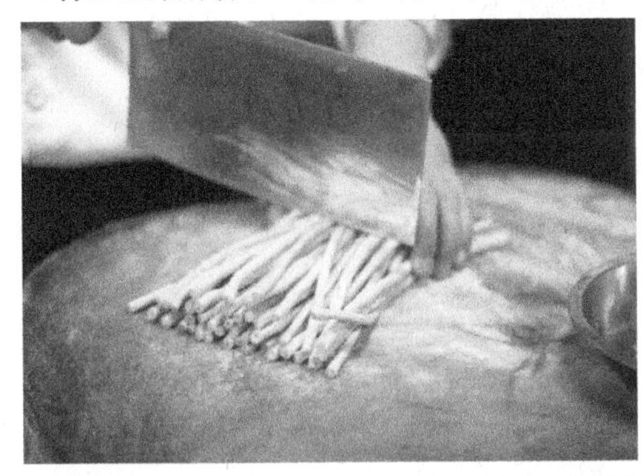

2. 取锅倒入色拉油，待油烧至五成热时，倒入豇豆，滑油至断生捞出。

3. 锅内留底油，放入蒜片煸出香味，加蒸鱼豉油、蚝油、盐、干辣椒、适量水，水烧开后倒入豇豆，大火烧开后加入味精，即可倒入烧烫的砂锅内。

【成菜特点】口感清鲜，味微辣。

【专家指点】

1. 豇豆滑油时，注意油温及时间。

2. 炒制的时间不能太长，一般烧沸调味后即可入砂锅。

知识拓展

豇豆除了有健脾、和胃的作用外，最重要的是能够补肾。李时珍曾称赞它能够“理中益气，补肾健胃，和五脏，调营卫，生精髓”。所谓“营卫”，就是中医所说的营卫二气，调理好了，可充分保证人的睡眠质量。此外，多吃豇豆还能治疗呕吐、打嗝等症。小孩食积、气胀的时候，细嚼适量生豇豆后咽下，可以起到一定的缓解作用。

想一想

1. 挑选豇豆应注意什么？

2. 德清当地出产的豇豆，几月份上市？

任务十一　家常扁蒲

任务分析

扁蒲，德清称其为葫芦、夜开花，是夏季的常见菜。确切地说，从春末到秋初都可见其踪影，通常用炒、烩等烹调方法制作菜肴。

任务实施

家常扁蒲

【主、配料】扁蒲 600 克、咸仔排 50 克、黑木耳 30 克、笋干 30 克。

【调　　料】菜籽油 40 克、盐 6 克、味精 6 克、黄酒 15 克、高汤 400 克。

【制作步骤】

1. 将扁蒲剥皮，一剖为二，顶刀切成 2 厘米的段，咸仔排蒸熟切成 2 厘米的段，发好黑木耳并洗净，笋干切成 2 厘米长的段。

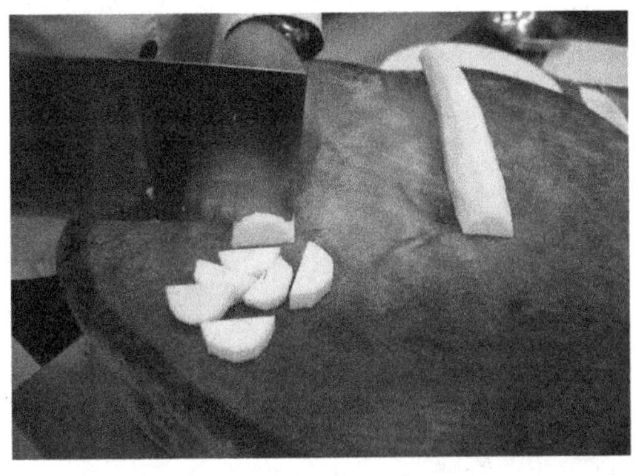

2. 将扁蒲、咸仔排、笋干、黑木耳氽水待用。

3. 取锅加入菜籽油烧热，下所有原料，翻炒均匀，加高汤至与原料齐平，再加入盐、黄酒，大火烧开后，再用中小火炖制5分钟，加入味精即可出锅。

【成菜特点】搭配合理，口味丰富。

【专家指点】

1. 焯水时要去掉咸肉、笋干的咸味。

2. 烧制时要把扁蒲烧入味。

知识拓展

木耳，属银耳木耳科真菌植物。其形状如耳朵，固有耳子之称。又因木耳虽然种类多，但其中以黑木耳质量最好、产量最高，故木耳又有黑木耳、黑菜（因黑木耳色黑，故称黑菜）之称。木耳营养丰富，主要含胶原蛋白质、碳水化合物、脂肪、钙、磷、铁等。木耳是制作菜肴时常用的原料，特别是在制作素菜时应用得最广，俗有“素中之荤”的美誉。

想一想

1. 如何烧制扁蒲才能入味？

2. 此菜对火候有何要求？

任务十二　土烧萝卜

任务分析

萝卜是营养丰富的蔬菜，富含糖类、维生素、矿物质和酶等成分。常见的品种有白萝卜、青萝卜、心里美萝卜。本菜选用的长白萝卜，根长，呈圆筒形，尾部尖，皮肉都是白色，表皮光滑，脆嫩微甜，辣味小。萝卜既可用于烧、烩、氽汤等，也可以腌、酱、泡、生食、制干。

任务实施

土烧萝卜

【主、配料】白萝卜 700 克、青蒜叶 15 克。

【调　　料】白糖 15 克、酱油 20 克、盐 5 克、味精 5 克、色拉油 20 克、猪油 35 克。

【制作步骤】

1. 白萝卜去皮，切成大滚刀块，氽水后过滤待用。青蒜切成末。

2. 取锅上火，入色拉油、猪油，烧热后，往锅中加入萝卜块翻炒，再加白糖、酱油、盐、水，大火烧开后转小火炖，30 分钟后加入味精出锅，撒上青蒜末即可。

【成菜特点】色泽红亮、口味鲜美、入口酥软，清肺止咳。

【专家指点】

1. 氽水时要氽透，让萝卜看起来是透明的。

2. 用小火慢炖30分钟左右，便于入味。

知识拓展

萝卜质地脆嫩、组织细密，易于刀工成形，有去牛肉、羊肉膻味的作用。萝卜在烹调中有较广泛地应用，可切丁、丝、片、块、球等多种形状入菜。除此之外，其还是食品雕刻中的上乘原料，可刻成多种花、鸟、虫、草等。在烹调中，萝卜可以作为主料制作菜肴，如著名的“洛阳燕菜”，也可和鱼及干货等原料搭配制成菜肴，如“干贝萝卜球”“萝卜丝鲫鱼汤”等。萝卜适宜多种口味的调味，如糖醋、醋辣、咸鲜等。

想一想

1. 选择品质好的萝卜，应遵循哪些原则？

2. 白萝卜的饮食禁忌有哪些？

项目三 畜肉篇

在德清地方特色菜肴中，以畜肉为主要原料烹制的佳肴总是占据着主要地位。最具影响力的有新市酱羊肉、洛舍肉饼子、毛笋干烧肉等菜肴，这些佳肴在德清可以说是家喻户晓。

任务一 珍珠肉圆

任务分析

此菜一般选用肥瘦适中的夹心肉。将夹心肉剁成肉末，然后加盐、糖、蛋清一起拌匀，然后朝同一个方向搅拌，就是所谓的上劲。剁肉末时，加入料酒不容易粘刀。糯米提前浸泡两三个小时后备用。将肉馅搓成肉圆，然后在泡好的糯米里打个滚，均匀地滚上一层糯米，再用大火蒸 20～30 分钟即可。

任务实施

珍珠肉圆

【主、配料】猪夹心肉 400 克、糯米 100 克。

【调　　料】葱姜汁 30 克、黄酒 5 克、精盐 3 克、味精 2 克、湿淀粉 5 克、葱花 2 克。

【制作步骤】

1. 将夹心肉剁成肉末，加黄酒、精盐、味精、葱姜汁、湿淀粉，搅拌均匀至上劲，做成肉馅待用。

2. 把糯米用温水浸泡 2 小时，沥去水，铺在盘里，用手把肉末挤成直径 4 厘米左右的肉圆，放在糯米上滚，沾上一层米粒，再一个挨着一个摆在蒸笼里蒸熟（蒸 6～8 分钟），上面撒上葱花即可。

【成菜特点】饭粒晶莹剔透，成型完整，味鲜饭糯。

【专家指点】

1. 糯米泡制时间一般三四个小时左右。

2. 肉末调味时不能太咸，否则影响口味。

知识拓展

珍珠肉圆亦称“刺毛肉圆”，相传此菜与乾隆皇帝有关。乾隆下江南时，当地官员奉上地方名肴让他品尝。一次厨师计划做红烧狮子头，却因一个不小心，不慎将狮子头掉到了旁边准备裹粽子的湿糯米里，于是将错就错，将做好的肉圆放进糯米里滚了一下，然后上锅去蒸。蒸好的肉圆子上黏着的糯米颗颗竖起，像刺毛一样，刺毛肉圆这一名称就一直流传了下来。

想一想

1. 肉圆放置时，为什么不能紧挨？

2. 使肉圆紧实的要点是什么？

任务二 葱油炝腰花

任务分析

腰花要剞上花纹，需先在腰子上用推刀剞一遍，再用直刀剞一遍，2次剞纹应成十字交叉形，然后改切成块，如切成菱形块，炒后就成荔子花状；如切成较窄的长方块，就会蜷缩成麦穗花，上盘后十分美观。

任务实施

葱油炝腰花

【主、配料】猪腰子400克、生菜50克。

【调 料】葱段50克、料酒15克、酱油10克、精盐1克、湿淀粉30克、色拉油500克（约耗50克）、蚝油12克、味精30克。

【制作步骤】

1. 将猪腰撕去筋膜，平刀剖开，批净腰臊，剞麦穗花刀，冲去血污，沥干水分后，再加精盐1克、湿淀粉20克，轻捏上浆，入沸水中汆断生，捞出，盛放在垫生菜的盘内。

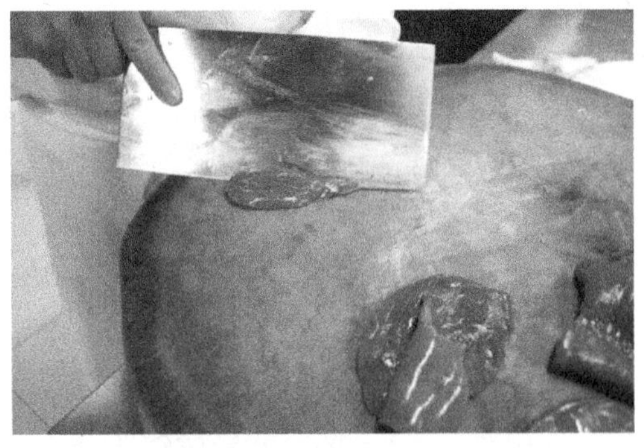

2. 将料酒、酱油、蚝油、味精、10克湿淀粉调成芡汁烧开，浇在腰花上，再放上葱段。

3.锅中加30克油，待油温达6成热时，将热油淋在腰花上即可。

【成菜特点】嫩脆爽口，葱香味浓，风味独特。

【专家指点】

1.猪腰要撇去腰臊，清水冲净血污。

2.氽水时要掌握好成熟度，一般断生即可。

知识扩展

猪腰，是猪的肾脏的俗称，它有滋肾利水的作用。但要注意，在食用动物肾脏之前，一定要将肾上腺割除干净。肾上腺富含皮质激素和髓质激素，误食会引起恶心、呕吐等症状。动物肾脏胆固醇、嘌呤含量很高，因此，有“三高”症状的中老年人不宜食用。

想一想

1.怎样才能做到剔净腰臊？

2.麦穗花刀是如何加工成形的？

任务三　饭焐肉拼盘

任务分析

腊肠是指以肉类为原料，切后绞成丁，配以辅料，灌入动物肠衣，经发酵、成熟等制成的中国特色肉制品。用腊肠作主料、配料烹调菜肴，在浙江地区农家菜肴中很常见。

任务实施

饭焐肉拼盘

【主、配料】五花肉 300 克、香肠 150 克、大米 200 克。

【调　　料】酱油 6 克、味精 1 克、芝麻油 5 克。

【制作步骤】

1. 将带皮五花肉切成 6 厘米宽的条，大米浸泡 2 小时后沥干水待用。

2. 取蒸笼，铺好纱布，把浸泡后的大米铺在纱布上，上面摆放五花肉、香肠，盖上盖子，蒸透。

3. 取盘一个，盘底铺好蒸熟的米饭，把熟五花肉切成 0.4 厘米的薄片，整齐地覆盖在盘子上，再把香肠斜刀切成 0.3 厘米的薄片，整齐地码在肉上，上面再撒上米饭，带调味碟上桌。味碟以酱油、味精、芝麻油调匀即可。

【成菜特点】鲜香味美，一菜两味。

【专家指点】

1. 大米在蒸制前，先浸泡 2～3 小时，便于成熟。

2. 3 种食材一起蒸制时，饭要蒸透，才能保证菜肴的口感。

知识扩展

如何辨别腊肠

优质腊肠：色泽光润；瘦肉粒呈红色或枣红色；脂肪雪白，条纹均匀，不含杂质；手感干爽，腊衣紧贴，结构紧凑，弯曲有弹性；切面肉质光滑，无空洞、无杂质，肥瘦分明、手感好；腊肠切时香气浓郁，肉香味突出。

劣质腊肠：色泽暗淡无光，肠衣内肉粒分布不均匀，切面肉质有空洞，肠身松软、无弹性，且带粘液，有明显酸味或其他异味。

想一想

1. 为什么肉要蒸在米饭里？

2. 此菜的香味从何而来？

任务四　红烧土猪肉

任务分析

土猪肉在中式烹制中的运用非常广泛，既可作为菜肴主料，也可以作为菜肴的辅料，其也是面点中馅心的重要原料之一。德清农村饲养的土猪肉质细嫩、皮面光滑、毛孔细、肉易熟，熟后香味浓、味鲜美。

任务实施

红烧土猪肉

【主、配料】带皮五花土猪肉 500 克。

【调　　料】葱结 30 克、姜片 20 克、酱油 15 克、白糖 10 克、精盐 2 克、料酒 25 克、味精 3 克、色拉油 50 克。

【制作步骤】

1. 将肉切成 1.8 厘米见方的方块，放到锅里煮沸后捞出，用凉水冲净，盛盘待用。

2. 将锅洗净置小火上，锅里放少许色拉油，随后在油里加入白糖并快速搅拌。待糖化开冒细泡、颜色呈酱红色时，再放 50 克水，搅匀后成焦糖汁，盛入碗中待用。

3. 锅里放入色拉油，待油烧热，倒入肉块。加入葱结、姜片，与肉块搅拌翻炒。将酱油、焦糖汁分次滴入锅中染色。当肉块变成金黄时，加料酒、精盐、水，汤汁要没过肉块，用大火烧开后，转中小火煮至肉块成熟变软，再用大火收汁，加入味精，即可出锅装盘。

【成菜特点】色泽诱人，肥而不腻。

【专家指点】

1. 水要一次性加足，中途不易加水。

2. 大火烧开后用小火煮至酥软。

知识扩展

目前市场上能被称为土猪的，一般有 4 种：一是农民家里用传统方式散养的土猪，这是最正宗的一种；二是企业用半现代半传统的方式饲养的土猪；三是用长白猪等国外品种，但以放养为主，喂青饲料，猪能在野外自己啃泥巴喝水的；四是特种养殖，这种相对较少，如和野猪杂交后的品种等。

想一想

1. 在中国比较有代表性的猪的品种有哪些？

2. 土猪与饲料猪的肉质有哪些区别？

任务五 红烧蹄髈

任务分析

猪蹄髈，其皮厚、筋多、瘦肉多，常带皮烹制，肥而不腻。其适合烧、扒、酱、焖等烹制方法。蹄髈营养丰富，也是江南地区喜庆日的必备佳肴。

任务实施

红烧蹄髈

【主、配料】猪蹄髈1只(约1250克)、菜心12颗、蛋皮丝20克。

【调　　料】色拉油20克、盐5克、酱油75克、姜片30克、干红椒2个、八角2颗、味精5克、葱结2个、料酒25克。

【制作步骤】

1.将猪蹄髈清洗干净，汆水，撇浮沫，捞出，凉水冲净，待用。

2.取锅加清水烧开，入蹄髈，加酱油、盐、料酒、姜片、干红椒、葱结，大火烧开，转至小火慢炖1.5小时后，转大火收汁，待蹄髈肉质酥而不烂时起锅装盘。

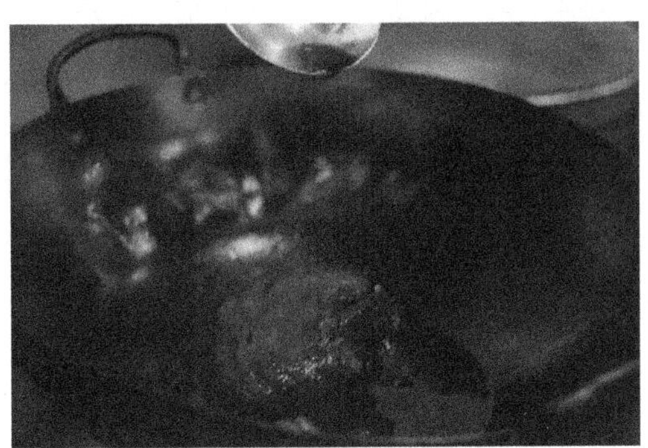

3. 将菜心围在蹄髈四周，上面放上蛋皮丝，淋 20 克热色拉油即可。

【成菜特点】肥而不腻，色泽红亮，咸鲜适中。

【专家指点】

1. 蹄髈最好选择前蹄，肉质厚实、质量好。

2. 火候的灵活运用很关键，用小火长时间烧制其至酥软。

知识扩展

蹄髈味甘咸，性平，有和血脉、润肌肤、填肾精、健腰脚的作用。一般人都可食用，但湿热痰滞内蕴者慎服，肥胖、血脂较高者不宜多食。

想一想

1. 红烧菜肴有何特点？

2. 蹄髈怎样才能烧到酥而不烂？

任务六　洛舍肉饼子

任务分析

洛舍肉饼子选用鲜肉切成小粒，加入蒜末等调料做成圆饼状后放在油锅中煎炸成焦黄色便成。肉饼鲜香松软，是下酒的一道好菜。洛舍肉饼子的配料和制作火候与众不同，使其风味独特。

任务实施

洛舍肉饼子

【主、配料】夹心肉 450 克、肥膘 50 克。

【调　　料】蒜末 8 克、干生粉 30 克、鸡蛋黄 1 个、盐 4 克、料酒 10 克、色拉油 1000 克(约耗 50 克)、味精少许、米醋 50 克。

【制作步骤】

1. 将夹心肉和肥膘切成小粒，放入盛器中，往其中加入蒜末、蛋液、料酒、盐、味精，搅拌均匀，稍打上劲，再加入干淀粉拌匀。

2. 用手将肉末挤成 50 克左右的肉圆，共 10 个。

3. 锅置火上，倒入色拉油，待油至五成热时离火，左手心蘸上清水，放1个肉圆，按扁，逐一入油锅炸制。

4. 待肉圆色泽金黄时捞出，调料碟加米醋即可上桌。

【成菜特点】色泽金黄，咸鲜松香。

【专家指点】

1. 将夹心肉加工成小粒形状，不易太细，否则影响口感。

2. 调味一次性到位，略偏淡，肉粒搅打要上劲，炸制不易松散。

知识扩展

猪肉为人类提供了优质蛋白质和必需的脂肪酸。猪肉可提供血红素和促进铁吸收的半胱氨酸，能改善缺铁性贫血。其味甘咸，性平，入脾、胃、肾经，具有补肾养血，滋阴润燥之功效。猪肉煮汤饮下有利于治疗由于津液不足引起的烦躁、干咳、便秘和难产等症。

想一想

1. 如何挑选夹心肉？

2. 瘦肉与肥膘的比例跟菜肴有何关系？

任务七 毛笋干烧肉

任务分析

毛笋干烧肉中的毛笋干是采用德清新鲜毛竹笋经特殊加工而成的，产品口感鲜美，色泽金黄，富含氨基酸和维生素等营养成分，不添加防腐剂，是纯天然绿色食品。

任务实施

毛笋干烧肉

【主、配料】毛笋干 100 克、五花肉 100 克。

【调　　料】色拉油 30 克、料酒 20 克、精盐 3 克、味精 4 克、白糖 1 克、姜片 3 克、干红椒 2 个。

【制作步骤】

1. 将毛笋干用淘米水浸泡 12 小时，涨发后洗净，用高压锅加水压 6 分钟后取出待用。将五花肉切成 1.8 厘米见方的块，焯水洗净待用。

2. 取锅上火，加入色拉油烧热，入五花肉煸炒。加姜片、料酒，再倒入笋干翻炒均匀。加干红椒、精盐、白糖，加水至没过毛笋干，大火烧开，改中火慢烧至汤汁浓白、肉质酥烂，加味精出锅即可。

【成菜特点】农家口味,汤浓色白,搭配合理。

【专家指点】

1. 毛笋浸制时间和高压锅压制时间要灵活掌握。
2. 笋干涨发时要注意涨发的程度,不可过头或不足。

知识扩展

五花肋条肉是肥瘦肉有规则的间层排列肉,故又称五花三层。五花肋条分为硬肋和软肋。硬肋又称方肉、上五花等,是肋骨下的肉,其肉质结实,质量较好,一般多用于红烧、粉蒸等烹制方法。软肋又称下五花、软五花等,是不带骨的部分,该部分肉质松软,质量较差,一般用于炖、焖等烹制方法。

想一想

1. 毛笋干浸发时为什么要用淘米水?
2. 毛笋干属于什么竹类的笋干制品?

任务八　新市酱羊肉

任务分析

湖羊是我国优良的绵羊品种之一，具有生长快、成熟早、繁殖力强、耐湿热等优良特性。产区在江苏、浙江之间的太湖流域，故得此名。烹饪中湖羊肉以加工成块状居多，也可以加工成丝、片等形状，适合采用烧、炖、炒等多种烹调方法。以湖羊肉制作的名菜有张一品酱羊肉、生炒小羊肉等。

任务实施

新市酱羊肉

【主、配料】带皮湖羊肉(剔去腿骨及扇骨)1200 克、红枣 25 克。

【调　　料】干姜 25 克、湖羊酱油 50 克、料酒 100 克、小茴香 5 克(用纱布包好)、干红椒 2 克、盐 2 克、姜末 2 克、鲜红椒末 1 克、香蒜末 10 克、冰糖 50 克、胡椒粉 0.2 克。

【制作步骤】

1. 将羊肉斩成若干大块(每块 200 克左右，按部位分档)。

2. 取锅，放进羊肉，加水至浸没羊肉，将锅置旺火上煮沸后撇净浮沫，将羊肉捞出，用清水冲洗干净。

3. 原汤用漏勺去细渣，往其中加入姜块、红枣、料酒、酱油、冰糖、盐、干红椒和小茴香，用铲刀搅拌均匀，将肉与汤齐平，加上锅盖。大火烧开，撇去汤面浮沫后，用小火焖2小时，启盖后，拣去红枣、姜块、干红椒和小茴香。食用前，拆去羊肉的小骨，浇上原汤，撒上姜末、蒜末、鲜红椒末即可。

【成菜特点】色泽红亮，酥而不烂，汁浓味醇，香气四溢。

【专家指点】

1. 一定要选用2岁左右的湖羊，调料的投放顺序和比例要恰当。

2. 羊肉腥膻味较重，注意烹调时要放入去腥膻味的调料，如茴香、生姜等。

知识扩展

湖羊具有短脂尾型特征。公母羊皆无角。颈细长、背平直、胸浅，体躯长，四肢高。毛色洁白，呈波浪状花纹，光泽悦目，皮板柔软。脂尾扁圆形，不超过飞节。成年公羊体重为40～50千克，母羊为35～45千克。屠宰率50%左右，净肉率38%左右。

湖羊肉性温热，有补气滋阴、暖中补虚、开胃健力的功效，在《本草纲目》中称其为补元阳、益血气的温热补品。它肉质鲜美，营养丰富，具有瘦肉多、脂肪少、胆固醇含量低、肉质鲜嫩多汁、膻味轻、易被人体消化吸收的特点。湖羊也具有较好的经济性，小湖羊皮毛色洁白，花纹奇特，素有“软宝石”之称；大湖羊皮轻、鞣、暖、美，是皮衣制革的好原料。

想一想

1. 湖羊在我国主要产于哪几个地区？

2. 湖羊的老嫩如何鉴别？关键看羊的哪个部位？

任务九　特色腌猪脸

任务分析

猪头肉皮厚而发黏，肉少而嫩，无筋膜、韧带，富含胶质，肥而不腻，耳骨脆而可食。多用酱、扒、烧等烹饪方法制作，如酱猪头肉、红扒猪头等。春节期间，很多人用猪头肉做菜招待亲朋好友。

任务实施

特色腌猪脸

【主、配料】去皮腌猪头半个(约 1250 克)。

【调　　料】粗盐 200 克、花椒 20 克、白酒 20 克、葱结 2 个、黄酒 30 克。

【制作步骤】

1. 将新鲜猪头晾挂 2 个小时后，把粗盐、花椒涂抹到猪脸上，搓 2 分钟后，喷上白酒放置于阴凉处，15 天后挂起置通风处，2 天后放到太阳下晒，再过 2 天后重新挂在通风处做成腌猪头。

2. 将腌制的猪头入水浸泡 4 小时，去除盐分，捞起放到蒸笼里，加入适量的黄酒，放入老姜、葱结，上笼蒸熟。

3. 把蒸好的猪头去皮并取下肉，将肉改刀成片，覆在猪头骨上即可。

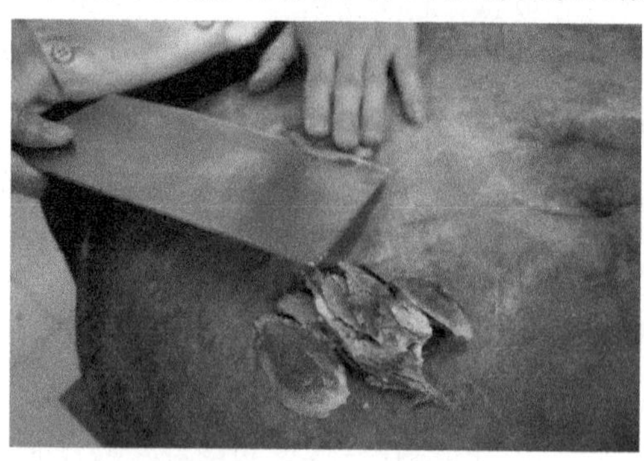

【成菜特点】腊香四溢，口味咸鲜。

【专家指点】

1. 猪头腌制时，盐和花椒在猪头上抹匀，放置阴凉处腌制。
2. 猪头肉在烹制前，需先浸泡，去除部分咸味。

知识扩展

据说淮扬菜系中的扒烧整猪头火候最讲究、历史最悠久，是道久负盛名的淮扬名菜。猪头肉一般人都可食用，但湿热痰滞者慎服；肥胖、血脂较高者不宜多食；猪头肉为痛风发疾之物，凡有风邪偏盛之人忌食猪头肉。

想一想

1. 为什么腌制的猪头要入水浸泡？
2. 此菜适合在什么季节制作？

任务十 咸肉蒸春笋

任务分析

腌肉是用食盐腌制，又叫咸肉等。其外观清洁、刀口整齐、肌肉坚实、肥膘均匀，表面无黏液，切面的色泽鲜红，味美可口。德清当地人将腌肉配春笋烹饪的菜肴，深受大家的喜爱。

任务实施

咸肉蒸春笋

【主、配料】净春笋 300 克、咸肉 60 克。

【调　　料】盐 2 克、料酒 5 克、味精 2 克、鸡油 5 克。

【制作步骤】

1. 将咸肉切成 0.5 厘米厚、4 厘米见方的片，春笋切成滚刀块。

2. 春笋用盐、料酒、味精拌均匀，码在盘子中，上面铺上咸肉，蒸制成熟。出锅时再淋上 2 克鸡油即可。

【成菜特点】色泽清爽，入口香嫩。

【专家指点】

1. 选择咸肉时，要肥瘦相间。
2. 蒸制的时间要掌握好，否则影响笋的口感。

知识扩展

咸肉的保管一般采用堆垛法、咸浸卤法。堆垛法是将咸肉堆放在通风阴凉处，要勤翻；咸浸卤法就是将咸肉浸入一定浓度的盐水中。如果是短时期的保藏，也可以将咸肉存放在冰箱中。

想一想

1. 为什么笋要先用调料拌匀再蒸？
2. 此菜的风味主要来自于哪里？

项目四 家禽篇

德清家禽类原料丰富，农庄用的家禽一般都是自己放养的土特产，营养价值比较高。家禽的结缔组织少、肌肉组织纤维较细、脂肪熔点低，易消化，且家禽肉含水量较高，所以家禽肉的口感较细嫩，滋味鲜美。

任务一 茶树菇炖老鸽

任务分析

鸽肉较鸡鸭肉更为细嫩肥美，其纤维短，滋味浓郁，芳香可口。鸽子的营养价值很高，既是名贵的佳肴，又是高级滋养补品。鸽子既可以作为主料，又可以作为辅料；既可以作为冷菜、炒菜、汤羹，又可以做成火锅、小吃等，风味独特。

任务实施

茶树菇炖老鸽

【主、配料】老鸽子 2 只、干茶树菇 70 克。

【调　　料】清汤 600 克、盐 15 克、味精 15 克、枸杞子 3 克、老姜 20 克、黄酒 50 克、鸡油 30 克。

【制作步骤】

1. 将老鸽子宰杀，清洗干净后切成块，大火焯水，冲洗干净，沥干水待用。

2. 将茶树菇涨发后去老头，剪成寸段，再把枸杞涨发。

3. 将鸽子、清汤、茶树菇、盐、老姜、黄酒、枸杞子放入汤碗内，用保鲜膜封住，上蒸笼，蒸2个小时后，用味精调味，淋上鸡油即可。

【成菜特点】原汁原味，营养丰富。

【专家指点】

1. 鸽子焯水后要冲水，把肉中的血水冲洗干净。

2. 蒸制时要注意时间，以控制鸽子肉的成熟度。

知识拓展

鸽子素有“一鸽胜九鸡”之称，不仅具有很高的营养价值，而且还有药用价值。很早以前人们便知，鸽子的肉、蛋、血、屎皆可入药。鸽肉性味咸平，无毒，具有解诸药毒、调精益气之功效。乳鸽清蒸食用，对神经衰弱、健忘失眠、体弱阳痿等症有良好的疗效。鸽肉对产妇、年老体弱者具有明显的滋补和改善体质的功能。

想一想

1. 蒸制时为什么要用保鲜膜封好？

2. 为什么说“一鸽胜九鸡”？

任务二　红烧鸭块

任务分析

鸭肉主要适合采用烧、炸、炒、蒸、卤等烹调方法，如红扒野鸭、葱烧野鸭等。烹调野鸭的时间不能太长，上桌前盖上盖子，焖上10分钟，肉感会格外鲜嫩。

任务实施

红烧鸭块

【主、配料】净鸭肉1只(650克)。

【调　　料】酱油30克，黄酒30克，葱、姜各15克，色拉油50克，味精3克，盐2克，糖30克，干红椒2个，香叶3片。

【制作步骤】

1.将野鸭宰杀，洗净，斩成大小均匀的块，焯水，去血污，捞出冲洗干净，晾干。

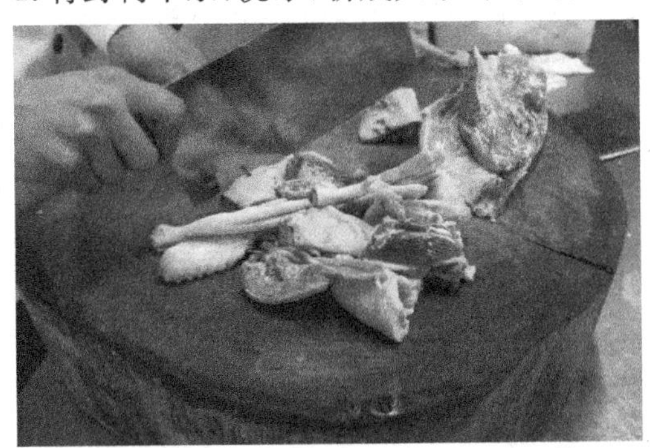

2.将锅烧热后加入色拉油，入姜、葱爆香，再将鸭块入锅，翻炒均匀，再加入黄酒、酱油、盐、糖、干红椒、香叶、水，大火烧开，转小火焖酥至汤汁浓稠时，再用大火收汁，加入味精即可出锅。

【成品特点】色泽红亮，味道鲜美，滋阴益肾。

【专家指点】

1. 焯水时要用大火，撇去血污，并冲洗干净。
2. 烧制鸭块时火候要运用得当。

知识拓展

鸭子一般用烧、炒、烤、蒸等烹饪方法制作，且整只制作较多，在宴席中多作为大件使用，如三套鸭子、樟茶鸭子等佳肴。鸭子的肝、胗、心等皆可作为主料制作菜肴，如以质地脆韧的鸭胗制作的油爆菊花胗，以嫩脆的鸭掌制作的白扒鸭掌等名菜。

想一想

1. 烹调野味时，要掌握哪些基本功？
2. 如何控制野鸭的成熟度？

任务三　莲子焖老鹅

任务分析

鹅一年四季在我国南方各地均可见。鹅分肉用鹅、蛋用鹅和肉蛋兼用鹅 3 种类型。肉用鹅的主要品种有狮头鹅。狮头鹅是我国最大的鹅种，原产于广东潮汕饶平县。鹅肉鲜嫩松软，清香不腻，以煨汤居多，也可熏、蒸、烤、烧、酱、糟等，其中鹅肉炖萝卜、鹅肉炖冬瓜等，都是秋冬养阴的良菜佳肴。

任务实施

莲子焖老鹅

【主、配料】老鹅肉 600 克、干莲子 50 克。

【调　　料】盐 10 克，酱油 30 克，糖 20 克，干红椒 2 个，黄酒 50 克，姜、葱各 10 克，色拉油 40 克，味精 30 克。

【制作步骤】

1. 将鹅肉切成块，焯水后，冲洗干净。莲子涨发，去芯。

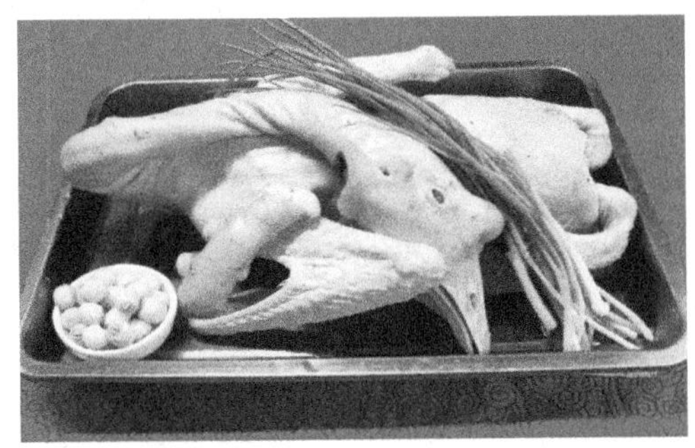

2. 取锅加热，倒入色拉油，放入姜、葱炝锅，再放入鹅肉，翻炒均匀后，放入黄酒、酱油、糖、盐、干红椒，大火烧开，至鹅肉断生时，加入干莲子，转中小火烧制 40 分钟，待汤汁浓稠时，再用大火收汁，加入味精即可出锅。

【成菜特点】香气袭人，鲜美无比。

【专家指点】

1. 掌握烹制时的火候，用中小火进行烧制。

2. 鹅肉有一定的腥膻味，烹调时要加入去腥膻味的调料，如葱、姜等。

知识拓展

鹅肉含蛋白质、脂肪、烟酸、糖等营养成分，同时富含人体必需的多种氨基酸。其中，蛋白质的含量很高，并且脂肪含量很低，对人体健康十分有利。

想一想

1. 鹅肉肉质有何特点？

2. 用鹅肉制作菜肴时要注意些什么？

任务四 生炒土鸡

任务分析

土鸡肉质细嫩，滋味鲜美，并富有营养，有滋补养身的作用。鸡肉不但适于热炒、炖汤，而且是比较适合冷食凉拌的肉类。除鸡肺外，鸡的全身上下都可以食用，而且营养丰富，故民间称其为“济世良药”。

任务实施

生炒土鸡

【主、配料】土鸡 1500 克。

【调　　料】白糖 35 克、酱油 50 克、盐 8 克、菜籽油 80 克、黄酒 200 克。

【制作步骤】

1. 将土鸡宰杀，洗净，切成大块待用。

2. 取锅上火，加热，加入菜籽油，将鸡块倒入翻炒，至鸡皮紧缩后加入黄酒、酱油、白糖、盐、水，大火烧开后转中小火焖半小时，至鸡肉酥时用大火收汁，加味精，即可出锅。

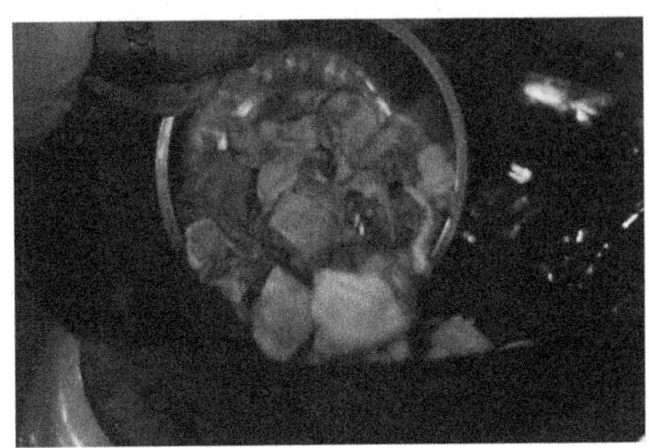

【成菜特点】肉质鲜嫩,美味适口。

【专家指点】

1. 鸡肉不能烧得太酥烂,要有一定嚼劲。

2. 鸡肉在烧制中途不易加水,否则影响口感。

知识拓展

鉴别土鸡的方法

1. 真正的土鸡都是比较原始的品种,没经过其他品种的杂交,所以体重较轻,公鸡不会超过 5 斤,母鸡不会超过 4 斤。如果你买的土鸡超过这个重量,99%都是仿土鸡。

2. 真正的土鸡肚子里不会有很多黄油,虽然有黄油,但是量不多。

3. 真正的土鸡宰杀后皮肤很黄,但是不能只凭皮肤的颜色来判定是不是真正的土鸡,如只要多喂食玉米和南瓜,鸡的皮肤就会变得很黄。

想一想

1. 土鸡肉质有何特点?

2. 怎样鉴别土鸡?

项目五 面点篇

德清传统点心是当地饮食文化的重要组成部分，素以“制作精致、风味多样”著称。如德清大火烧、鲜肉烧麦、芽麦圆子、新市茶糕等。其中，新市茶糕选料考究、松香鲜嫩，明正德刊本《仙潭志》与清康熙年的辑本《仙潭文献》证实茶糕距今至少400余年历史。

任务一　南瓜手捏团

任务分析

糯米，是家常粮食之一。因其香糯黏滑，常被用以制成风味小吃，深受大家喜爱。逢年过节时，很多地方都有吃年糕、糯米圆子的习俗。德清每年的元宵节（正月十五）人们都要吃的元宵也是由糯米粉制成的，寓意全家团圆、幸福美满。

任务实施

南瓜手捏团

【主、配料】南瓜150克、糯米粉240克、粘米粉80克。

【调　　料】白糖50克、猪油50克。

【制作步骤】

1.将南瓜去皮去籽，切小块加水后入蒸箱蒸熟。

2.将糯米粉和粘米粉放在和面机里，与刚蒸熟的烫南瓜搅拌下，再放入白糖和猪油，然后搅拌均匀，制作成南瓜面团。

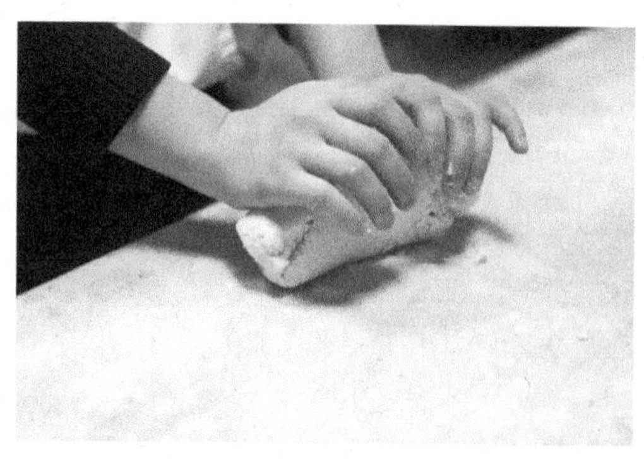

3. 将南瓜面团下剂后，用手捏成南瓜手捏团，放入蒸笼，入蒸箱蒸熟即可。

【成菜特点】香甜糯软，色泽淡黄。

【专家指点】

1. 两种粉的比例要控制好。
2. 南瓜必须要蒸熟、蒸透。

知识拓展

在德清用糯米制作的另一道传统名点就是新市的麦芽圆子。其具有香、甜、糯三大特色，已有百年历史。每年清明节前后，新市农妇都会制作麦芽圆子以赠亲友品尝。清明前后，田野上棉线草生机勃勃，将此草采摘，洗净，煮沸，配入麦芽粉和糯米粉中，再将麦芽粉团蒸熟后做成团子状，而后在锅盘中加香油，用文火将圆子煎至金黄油亮即可，冷却后愈加甜糯。

想一想

1. 南瓜手捏团还能捏成哪些漂亮的形状？
2. 用糯米粉还可以制作哪些点心？

任务二 咸菜面疙瘩

任务分析

我们常说的“面粉”指小麦粉，即用小麦磨出来的粉。它是最常见的面点制作原料，尤其在我国北方的大部分地区，面粉制品是日常生活的主食，同时它也是西式点心制作中的主要原料。

水调面团又称实面团，是指面粉与水直接调制而成的面团。根据水温的不同又可以把它分成冷水面团、温水面团和烫水面团。日常生活中常见的如饺子皮、面条、烧麦皮等都是水调面团制品，以此足见水调面团运用之广泛。

任务实施

咸菜面疙瘩

【主、配料】面粉300克、生粉200克、蛋清50克、肉片50克、咸菜100克、笋片50克、毛豆30克、南瓜片30克。

【调　　料】盐10克、味精10克、鸡精10克、美极鲜酱油10克、色拉油40克。

【制作步骤】

1. 将面粉、生粉、蛋清放入和面机后，放水搅拌均匀，拌成糊状，然后用刀削成条状，放入沸水锅里烧熟。

2. 锅烧热后放色拉油，加入肉片、咸菜、笋片、毛豆、南瓜片煸熟后，加适量水，再放入盐、鸡精、美极鲜烧沸后，加入面疙瘩烧开，放入味精即可出锅。

【成菜特点】面疙瘩入口筋道，口味鲜美。

【专家指点】

1. 制作面疙瘩时注意面团要有筋道。
2. 烧制时注意面疙瘩的成熟度。

知识拓展

面粉按蛋白质含量的多少，可以分为高筋粉、中筋粉、低筋粉。高筋粉颜色较深，本身较有活性且光滑，手抓不易成团状，比较适合用来做面包及部分酥皮类点心。中筋粉颜色乳白，介于高、低粉之间，体质半松散，一般适用于中式点心的制作，如包子、馒头、面条等。低筋粉颜色较白，用手抓易成团，其蛋白质含量平均在8.5%左右，因此筋性亦弱，比较适合用来做蛋糕、松糕、饼干等需要蓬松酥脆口感的西点。

想一想

1. 面疙瘩是如何制作的？
2. 如何增加面团的筋性？

任务三　鲜肉烧卖

任务分析

烧卖，著名的汉族小吃，又称肖米等，是一种以烫面为皮裹馅上笼蒸熟的面食小吃。其形状如石榴，顶端蓬松、束折如花，洁白晶莹，馅多皮薄，清香可口。在江苏、浙江、广东、广西一带，人们把它叫做烧卖，而在北京等地则将它称为烧麦。烧卖喷香可口，兼有小笼包与锅贴之优点，民间常将其作为宴客佳肴。

任务实施

鲜肉烧卖

【主、配料】猪肉末 250 克、面粉 100 克、韭芽 60 克。

【调　　料】盐 3 克、味精 6 克。

【制作步骤】

1. 将面粉加水揉成面团，后下剂，擀成烧卖皮。

2. 将猪肉末和韭芽加入调料拌匀。

3. 将烧卖中加上馅心，捏成烧卖状后，入蒸笼蒸熟即可。

【成菜特点】皮薄略有劲道，形态饱满，馅心鲜润。

【专家指点】

1. 皮要擀薄，馅要足。
2. 注意烧卖的成熟度。

知识拓展

烧卖最早起源于元代初期，后来“捎上”了些菜点，成为“茶捎卖”，经多年演变后成为今天的烧卖。烧卖之所以顶部不封口，是由于茶客所带的小菜品种不一，有的是生牛羊肉和姜葱，有的是萝卜、青菜、豆腐干……为区别各位茶客的小菜，便不封口。每当一笼蒸好后，店小二便会把蒸笼端到茶堂的大桌上，说：“各位茶客的小菜捎来了，劳驾自选。”这时茶客各自点了自己的“薄饼包菜”，边吃边饮。

另有一说是烧卖起源于包子。它与包子的主要区别除了使用未发酵的面制皮外，还在于顶部不封口，呈石榴状。最早的史料记载，在14世纪高丽(今朝鲜)出版的汉语教科书《朴事通》上，就有元大都(今北京)出售“素酸馅稍麦”的记载。该书关于“稍麦”注说是以麦面做成薄片，包肉蒸熟，与汤食之，方言谓之稍麦。“麦”亦做“卖”。又云：“皮薄肉实切碎肉，当顶撮细似线稍系，故曰稍麦。”“以面作皮，以肉为馅，当顶做花蕊，方言谓之烧卖。”如果把这里“稍麦”的制法和今天的烧麦做一番比较，可知两者是同一样东西。

新市烧卖肉馅最具特色的是加入了用猪皮、猪油等经过熬煮后凝结而成的皮冻，故馅心汤多肉嫩。

想一想

1. 烧卖皮与饺子皮有何区别？
2. 如何制作烧卖皮？

任务四　新市茶糕

任务分析

茶糕乃是水乡古镇新市之名点，以选料考究、味道鲜美著称，具有松、香、鲜三大特色，在杭嘉湖水乡平原小有名气。新市茶糕的历史可追溯到南宋。每天早晨，新市镇上的众多小贩都会头顶 16 块装的茶糕箱，将茶糕拿到茶馆叫卖，且顾客大都是茶客，故自南宋流传至今一直未更名，皆称茶糕。

任务实施

新市茶糕

【主、配料】糯米粉 250 克、粳米粉 50 克、猪肉末 200 克。

【调　　料】老抽 4 克、生抽 8 克、糖 4 克、盐 4 克、味精 4 克、黄酒 20 克。

【制作步骤】

1. 先将猪肉末加调料后拌匀成馅心。糯米粉和粳米粉搅拌均匀。

2. 将拌匀的米粉用筛子先在茶糕模具上筛一层厚度为 0.5 厘米的粉，再加入猪肉馅心，按比例放好，然后筛 3 次糯米粉盖住馅心，用刀切成方块后，上架蒸熟即可。

【成菜特点】皮松糯，馅鲜润，外形完整，形态饱满。

【专家指点】

1. 米粉一定要刷匀。

2. 蒸制时要注意成熟度。

知识拓展

水磨糯米粉以柔软、韧滑、香糯而著称。用它可以制作汤团、元宵之类的食品和家庭小吃，特别是宁波汤团，以独特的风味闻名江、浙两省。糯米粉以色泽洁白、无发霉变质、无异味、口味嫩滑、细韧、不碜牙为好。

想一想

1. 茶糕馅心的口味分哪几种？

2. 为什么糯米粉要过筛筛匀？